MEOW!! 可愛 貓咪刺繡日常

꽁냥꽁냥 고양이 자수

MEOW

可愛
貓咪刺繡
日常

꽁냥꽁냥
고양이 자수

Prologue
療癒每一天的貓咪刺繡

自從 2015 年，
和我家的寶貝貓咪阿袋相遇後，我的生活起了很大的變化。
阿袋走到哪，我的目光就追隨到哪，
這隻黃黃軟軟的小生命完完全全佔據了我的心。
甚至到現在，還因此誕生了這本書。

刺繡一直是我最喜歡的事。
回想起剛開始自學刺繡的時候，
往往要花上幾天幾夜、全心投入才能完成一個作品，
但那份成就感，卻是無法用言語來描述的。
這本書結合了我最喜歡的貓咪和刺繡，
衷心希望每一位拿起本書、動手做貓咪刺繡的人，
都能夠透過本書，體會到那種內心充實的喜悅。

對我來說，貓咪就像提供養分和能量的維他命，
而我的維他命——阿袋、栗子，也和我一樣，
期望各位能夠拿起針線，享受快樂的貓咪刺繡時光。
在此，也要特別感謝找我出書的李貞雅室長，
以及最包容我的好友文英。

謝謝。

 CONTENTS

開始刺繡前
的準備篇

PART
01

日常的
可愛貓咪

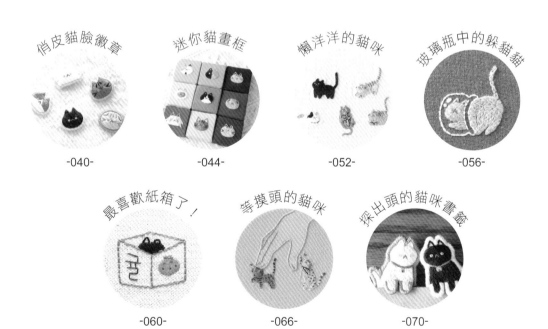

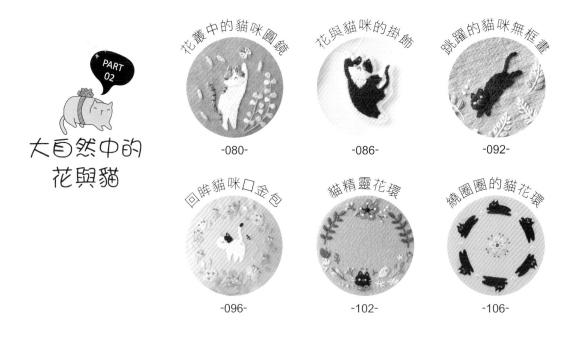
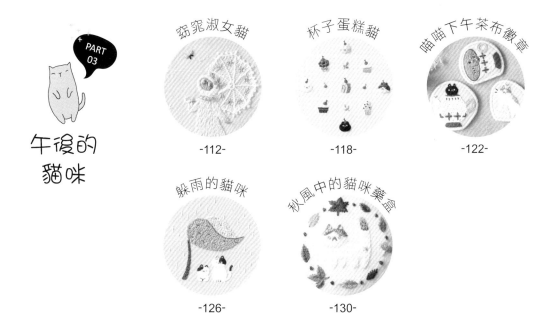

Basic

開始刺繡前的
準備篇

刺繡的基本材料與互具

Basic 01

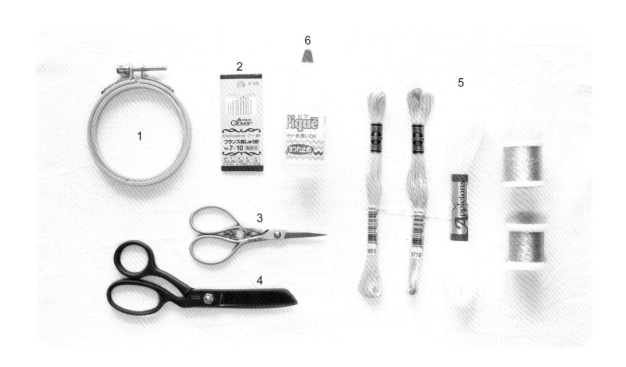

---

1. 繡框

用來固定布，利於進行刺繡作業的工具。依圖案的大小選擇適當尺寸的繡框。繡好後就可以直接當作畫框使用。

2. 繡針

主要使用日本 Clover 和英國 John Jame 這兩個品牌生產的刺繡專用針。繡針的號碼越小針越粗，依據使用的繡線股數來調整針的粗細。此書大部分使用 7 ～ 10 號的繡針（需注意，若在硬挺的布料上使用太粗的繡針，出入針的針孔會比較顯眼、不好看）。

3. 線剪

刀刃前端尖細、刀鋒銳利，適合用來剪繡線時使用。

4. 布剪

裁剪布料時使用的剪刀。通常重量較為沉重，刀刃鋒利、裁剪力很好。但建議不要用在剪布以外的其他用途，以免刀刃變鈍。

5. 繡線

本書使用了 3 種不同的繡線。

DMC 25 號繡線：
最常用來刺繡的繡線種類，由 6 股細線捻成一條粗線，使用前挑出需要的股數即可。

DMC 金蔥繡線：
有金屬色澤的繡線。彈性較一般繡線差，容易因拉扯而斷裂，使用時需謹慎小心。

Madeira 金屬繡線：
帶有金屬色澤的繡線除了 DMC 外，本書中也會使用到德國製的 Madeira 繡線。

Appleton 細羊毛繡線：
質地溫暖、蓬鬆，觸感柔軟細緻的英國製羊毛繡線。

6. 防綻液

用來讓打結的線頭更加牢固，或者防止布邊脫線的透明膠狀液體。本書中多使用在固定貓咪眼睛的形狀，以及防止蝴蝶結脫落。

7

8

—— 7. 繡布 ——

刺繡時最常選用的布料為棉布和麻布,而本
書裡大部分使用的是 100% 水洗棉,特點是
不易收縮、表面平滑。繡布為了避免收縮,
建議以手洗的方式清洗。

—— 8. 不織布 ——

時常用於製作布徽章,或是當畫框的框底。
種類有很多,包含軟質不織布、硬質不織
布、背膠不織布片、人造皮革不織布等。本
書中經常使用的是硬質的背膠不織布片,撕
開背後的黏膠,就可以直接黏貼。

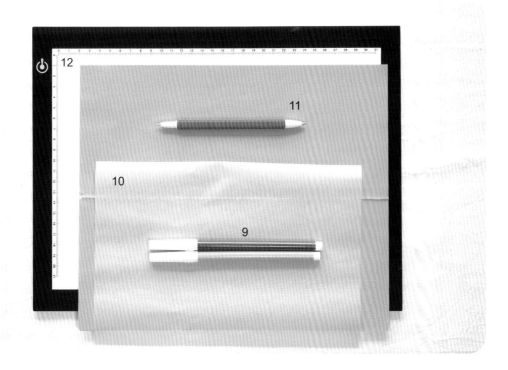

──────── 9. 水消筆 ────────

在布上描繪圖案或做記號時使用的工具,用
清水即可洗去痕跡。有多種顏色和質地,根
據喜好選擇即可。

──────── 10. 描圖紙 ────────

描繪圖案時使用的半透明紙。將圖案描繪至
描圖紙上後,再利用複寫紙或描圖燈箱將圖
案轉印到布面上。

──────── 11. 鐵筆和布用複寫紙 ────────

將圖案轉印至布上時使用。將複寫紙放在布
上後,再將需轉印的圖案放在複寫紙上,用
鐵筆描繪。

──────── 12. 描圖燈箱 ────────

又稱為透寫板或拷貝板,發光後可以映照出
底層的圖案,方便描繪。使用時先放上想要
的圖案,再放上布料,開燈後即可用水消筆
輕鬆臨摹。

刺繡的事前準備

Basic
02

整布（預縮）

布料第一次下水時容易收縮。在開始刺繡前，建議先用清水稍微洗過繡布後燙平，以免繡圖因布料收縮而變形。

安裝繡框

鬆開繡框上的螺絲、拆下外框，將繡布套在內框上，再裝回外框。先用手將布面拉平整，再鎖緊螺絲即完成安裝。

轉印圖案

使用描圖燈箱：

依照「描圖燈箱→圖案→繡布」的順序擺放後，拉平繡布再開燈，就可以開始用水消筆描繪圖案。先將圖案描繪到描圖紙上再使用，透視效果會更清楚、更好畫。

使用複寫紙和鐵筆：

依照「繡布→複寫紙→圖案」的順序擺放，將繡布拉平整後，即可用鐵筆沿著圖案描繪。如果複寫出來的線條不夠清楚，可以再用水消筆補強。

穿繡線

① 剪取適當的繡線長度後，分出需要的股數。先將每條線的各股線分開，取出時比較不會糾纏在一起。

② 用針將線對半摺起後，手指捏住對摺的地方，另一手將針抽出。

③ 將摺起部分穿過針孔中。

④ 拉出其中一端的繡線。

TIP 也可使用市售穿線器輔助，更輕鬆省力。

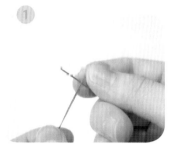

取其中一邊的繡線尾端，垂直放在繡針上。

用線在針上繞 1 ～ 2 圈。

接著用手指捏住繞好的線圈後，再把針抽出來。

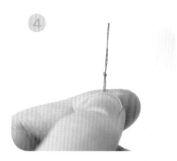

完成！

將繞好的線圈往下拉到底，完成打結。

在布的背面把線繞成一個圈
後，將針穿過去。

一邊慢慢把線圈推到緊貼布
面，一邊把線拉緊。

繡線收尾（藏結）

將繡針穿過繡圖背面的繡線
（不要穿到布的正面）。

從不同方向重複穿過繡圖背
面後，把線剪斷。

刺繡的基礎針法

Basic
03

平針繡

從 a 出針、b 入針，和縫紉
時的平針縫相同。

接著以同樣的間距，從 c 出
針、d 入針。重複此動作，
即為平針繡。

雛菊繡

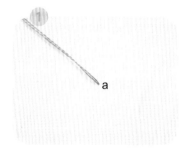

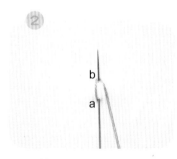

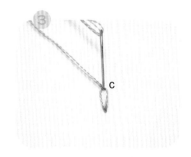

從 a 將針完全穿出布面。

緊貼著 a，再次將針穿進布
面，並從 b 穿出來。在抽出
針之前，先把線繞過針的前
端，鉤在針上。

將針抽出，並從 c（緊貼著
b、步驟 2 繞出的線圈外側）
入針。

完成後的模樣。

①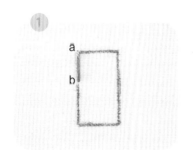

從 a 出針、b 入針（稱為「長針」）。

TIP 練習時建議畫上同圖片的長方形輔助框。

②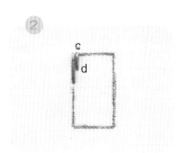

從 c 出針、d 入針（長度為步驟 1 的一半，稱為「短針」）。

③

重複交錯長針和短針，完成一層。

④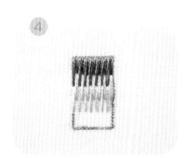

接下來沿著上一層線結束的尾端，以長針繡滿一層。

⑤

最後一層，再次反覆交錯長針和短針，直到填滿繡圖。

回針繡

①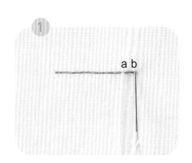

從 a 出針後，往右 1 個針距，由 b 入針。

②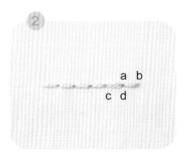

接著往左 2 個針距從 c 出針，再往右 1 個針距從 d 入針。以相同間距重複此動作，即為回針繡。

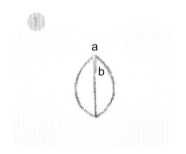

先畫上葉形輔助圖後，從 a 出針、b 入針。

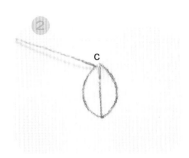

再將針從 c 穿出布面。

接著將針穿進 d、從 e 穿出布面後，把線繞過針尖，再抽出針。

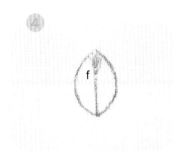

接下來在 f（e 的正下方）的位置入針。

重複 2、3、4 的動作，直到完成葉片。

— 緞面繡 — — 直針繡 —

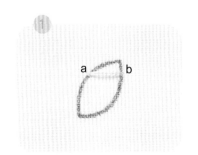

畫上葉形輔助圖後，從 a 出針、b 入針。

沿著圖案重複步驟 1，直到填滿繡圖。

依需求長度出入針，繡出直線即完成。

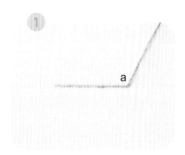

從 a 將針穿出布面。

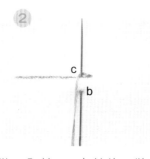

從 b 入針、c 出針後,將線繞過針尖。

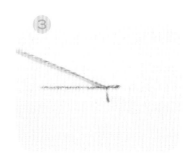

將針完全抽出布面。

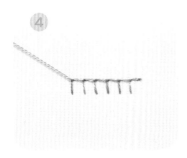

以等間距和長度,重複以上動作。

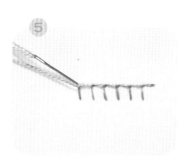

收尾時,將繡線拉緊,從最尾端穿到布背面打結即可。

完成後的模樣。

劈針繡

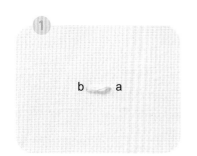

從 a 出針、b 入針。

從 a 和 b 的中間,將針穿出布面。

重複步驟 1、2,直到填滿繡圖,即為劈針繡。

在布面上，如上圖般從中心點繡出幾條長度、間距相同的直線當支架（直線數必須為單數）。

從靠近中心點的地方出針。

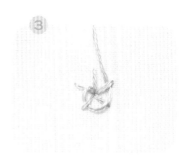

以逆時針方向，將繡線一上一下穿過支架。

重複穿線的動作，直到完全填滿支架。

從支架後方看不見的地方入針，打結收尾。

完成後的模樣。

輪廓繡

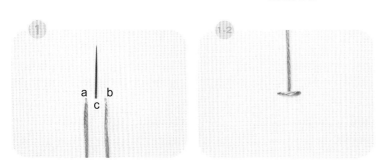

從a出針、b入針後，再從c（a和b的中間位置）穿出布面。

重複步驟，以同方向、等間距繡出線條，即為輪廓繡。

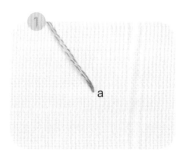

從 a 將針穿出布面。

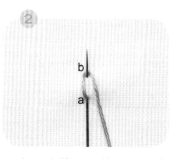

再度緊貼著 a 入針、從 b 穿出後,先將線繞過針尖,再完全抽出來。

重複上述步驟,繡出鎖鏈般的線條。

收尾時,從最後一個線圈的外側,緊貼著線圈入針,在背面打結固定。

完成後的模樣。

十字繡

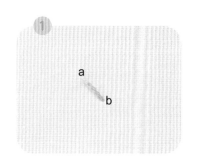

從 a 出針、b 入針。

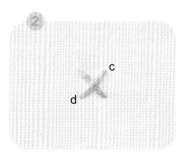

從 c 出針、d 入針,繡出與步驟 1 交叉的直線。

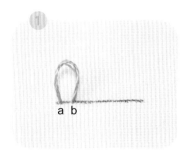

將針由 a 穿出布面後、穿進
b，先不要把線拉緊，拉成
一個如上圖的線圈。

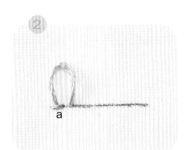

接著從 a、b 中間將針穿出，
往左繡一道直線、蓋住 a。

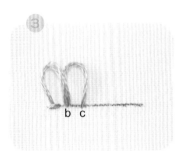

再次從 b 出針後、由 c 入針，
一樣不要拉緊，保持一個線
圈的形狀。

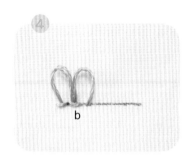

從 b、c 中間將針穿出，往
左繡一道直線、蓋住 b。

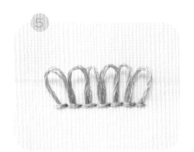

重複上述步驟，直到完成想
要的長度後，在背面打結。

用剪刀將線圈剪斷，並修整
長度即完成。

完成後的模樣。

法國結粒繡

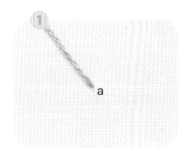

從 a 將針穿出布面。

用線在針上繞幾圈後，緊貼著 a 穿進布面（纏繞的圈數越多，繡好的顆粒越大）。

拉線時用手稍微調整繞線處的位置，使其密合貼附在繡布上。

接著將針完全穿過布面，完成法國結粒繡。

自由繡

沿著圖案隨意繡出長線和短線，直到填滿繡圖。

完成後的模樣。

---------- 飛鳥繡 ----------

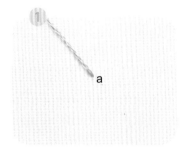

從 a 將針完全抽出布面。

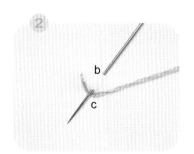

將針從 b 穿入、c 穿出，先將繡線繞過針尖後，再完全抽出來。

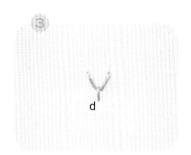

從 d 的位置入針後打結，即為飛鳥繡。

---------- 魚骨繡 ----------

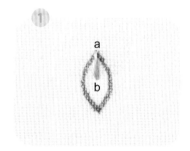

畫上葉形輔助圖後，從 a 出針、b 入針。

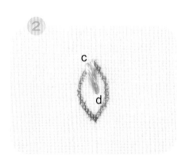

接著從 c 穿出布面後，覆蓋過 b、從 d 的位置入針。

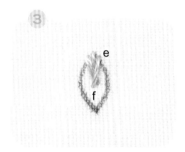

再來從 e 出針，覆蓋過 d、從 f 入針。

重複上述步驟，不斷覆蓋住上一針的入針處，直到完成繡圖。

完成！

貓咪刺繡的小技巧

Basic
04

用水消筆在繡布上描繪出貓咪的臉蛋。

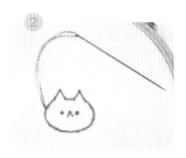

從臉部的輪廓線上,將針穿出布面。以貓咪的鼻子為中心點,準備開始刺繡。

使用自由繡,以 1 次長針、3 ～ 4 次短針為一組。如果繡的線比前一針短,就將入針處藏在上一針的下方;如果繡得比前一針長,則從上方覆蓋住上一針的入針處。

以順時針方向反覆繡長針、短針,直到填滿貓咪的臉。

TIP 中途繡線不夠,或是繡完要收尾時,可使用 P19「繡線收尾(藏結)」的方式來打結。

接著以回針繡製作貓咪的耳朵。繡好其中一隻耳朵要換邊時,先將繡圖翻面,從繡圖背後把線穿到另一邊再開始繡(如果從正面移動,使用淺色或亮色繡線時容易透光穿幫,或是不小心將假縫線與繡線一起剪掉)。

接著依序繡上嘴巴、眼睛。以貓咪臉的中心點(鼻子)做為嘴巴的頂點,並以法國結粒繡做出眼睛(眼睛可依照臉的大小,調整纏繞的線圈數)。繡好後,塗一層防綻液固定眼睛的形狀。

完成後,用清水輕輕洗掉圖案的痕跡。

蝴蝶結的綁法

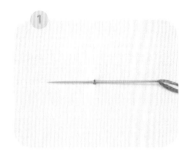

① 在繡布上，先從上往下縫一段約 0.1 ～ 0.2cm 的直線。接著將繡針穿線後不要打結，穿過直線。

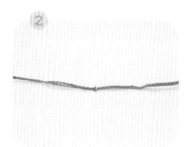

② 取下繡線上的繡針。

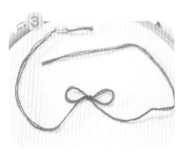

③ 抓住線的兩端綁一個蝴蝶結後，在蝴蝶結的中間塗抹防綻液固定。

④ 將蝴蝶結兩端的尾巴穿針，分別穿過布面後，在背面打結即可。

⑤ 完成後的模樣。

縫裝飾布的方法（扣眼繡）

① 準備好要使用的裝飾布，畫上圖案後，沿著邊緣往外 0.2 ～ 0.3cm 的地方剪下。

② 鬆鬆地縫幾道假縫線，將裝飾布固定在底布上。

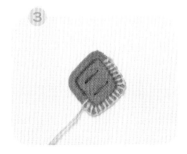

③ 沿著圖案邊緣，用扣眼繡繡滿一圈。

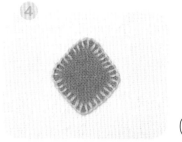

拆除用來固定的假縫線。

縫裝飾布的方法（緞面繡）

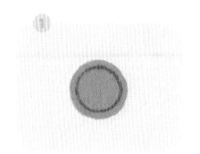

準備好要使用的裝飾布，畫上圖案後，沿著邊緣往外 0.2～0.3cm 的地方剪下。

鬆鬆地縫幾道假縫線，將裝飾布固定在底布上。

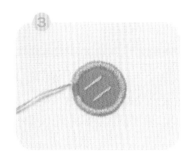

沿著圖案邊緣，用緞面繡滿一圈。

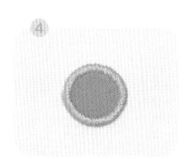

拆除用來固定的假縫線。

TIP 利用裝飾布改變底布的顏色、花紋，讓完成品的變化度更豐富。（請參考 P113「窈窕淑女貓」的陽傘）

準備已繡好繡圖的繡布及不織布。

將不織布放在繡布背面，鬆鬆地縫幾道假縫線固定。假縫時建議使用與繡圖顏色相似的線，以免沾到不同色的毛絮。

將繡布與不織布一起沿著邊緣往外 0.2cm 的地方剪下。

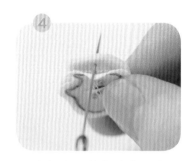

從繡布和不織布的中間穿入第一針。

沿著邊緣用扣眼繡繡一圈。

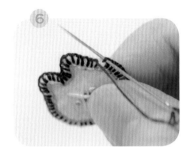

繡完一圈後，將針重複穿過先前繡好的扣眼繡中 2 ～ 3 次，再剪去剩下的繡線，塗上防綻液固定。

拆除用來固定的假縫線。

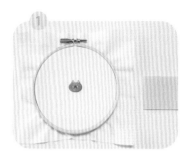

準備已繡好繡圖的繡布及不織布。

將不織布放在繡布背面，鬆鬆地縫幾道假縫線固定。假縫線建議與繡圖顏色相似，以免沾到不同色的毛絮。

將繡布與不織布一起沿著邊緣往外 0.2cm 的地方剪下。

從繡布和不織布的中間穿入第一針。

沿著邊緣，以緞面繡一針一針繡滿一圈。

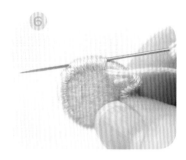

繡完一圈後，將針重複穿過先前繡好的緞面繡中 2～3 次，再剪去剩下的繡線，塗上防綻液固定。

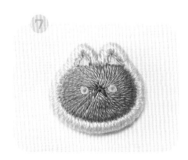

拆除用來固定的假縫線。

完成！

流蘇布邊的製作方法

從比想要的流蘇長度再往內側 0.1～0.2cm 的地方，用回針繡繡一道直線。

用針挑出布上橫向的絲線，一根一根抽掉，直到步驟 1 的繡線位置。

將線全部抽掉後，用剪刀修剪流蘇長度即完成。

畫框的製作方法（木板）

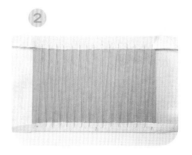

準備符合繡圖大小的木板，放在繡布上量出包住木板四周需要的布後，剪去多餘的部分。

用繡布包住木板的長邊後，用線在上下兩端交錯縫上之字型固定。

將木板的短邊用繡布包起，仔細把稜角處拉平整。

與步驟 2 相同，用線在左右兩端交錯縫上之字型固定。

將背膠不織布片裁剪成與木板相同的大小後，貼到木板背面。

準備洗淨的繡布、繡框、和繡框等大的背膠不織布片。

將繡布安裝上適當尺寸的繡框，留下足夠的邊緣後，裁掉多餘的布。

沿著繡框的形狀，在繡布上繡一圈平針繡，不要打結。

繡好後將線拉緊，使布往中間聚集後，打結固定。

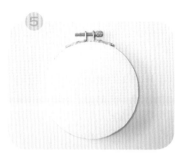

再把背膠不織布片貼到繡框背面，完成。

PART
01

日常的可愛貓咪

俏皮貓臉徽章

使用繡線

DMC 25 號繡線：
25、310、353、435、437、523、606、646、739、742、
938、959、3072、3846、3863、ECRU、B5200

其他材料

硬質不織布（厚度 0.2cm）

使用繡法

回針繡、緞面繡、直針繡、法國結粒繡、自由繡、飛鳥繡

TIP 請參考 P.35 布徽章的製作方法（緞面繡）。

繡圖標示 & 實際尺寸

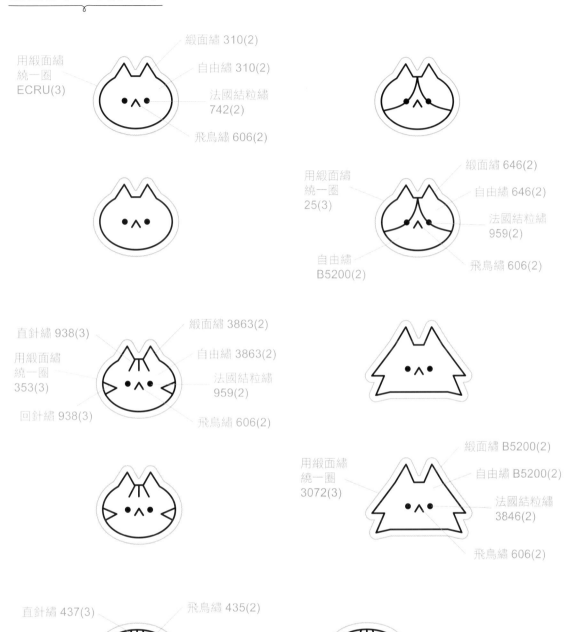

用緞面繡
統一圈
ECRU(3)

緞面繡 310(2)

自由繡 310(2)

法國結粒繡
742(2)

飛鳥繡 606(2)

用緞面繡
統一圈
25(3)

緞面繡 646(2)

自由繡 646(2)

法國結粒繡
959(2)

自由繡
B5200(2)

飛鳥繡 606(2)

直針繡 938(3)

用緞面繡
統一圈
353(3)

回針繡 938(3)

緞面繡 3863(2)

自由繡 3863(2)

法國結粒繡
959(2)

飛鳥繡 606(2)

用緞面繡
統一圈
3072(3)

緞面繡 B5200(2)

自由繡 B5200(2)

法國結粒繡
3846(2)

飛鳥繡 606(2)

直針繡 437(3)

用緞面繡
統一圈 523(3)

回針繡 437(3)

自由繡 739(2)

飛鳥繡 435(2)

法國結粒繡 959(2)

飛鳥繡 606(2)

繡圖說明是以繡法→繡線色號→（線的股數）來標示。
例 ▶ 自由繡 310(2)：用色號 310 的繡線 2 股來繡自由繡。

迷你貓畫框

使用繡線

DMC 25 號繡線：
06、07、300、310、318、606、648、742、743、782、
844、959、3846、3826、 3863、ECRU、B5200

其他材料

黏貼式軟木塞板（厚度 1cm、3.5×3.5cm）、釘書機、肯膠不織布片

使用繡法

長短繡、回針繡、緞面繡、直針繡、
劈針繡、法國結粒繡、自由繡、飛鳥繡

繡圖標示 & 實際尺寸

繡圖說明是以繡法→繡線色號→（線的股數）來標示。

例 ▶ 自由繡 310(2)：用色號 310 的繡線 2 股來繡自由繡。

用軟木塞板製作迷你畫框

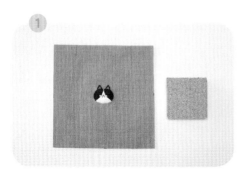

將繡布裁剪成 9×9cm 大小。準備好厚度 1cm 的黏貼式軟木塞板，裁切成 3.5×3.5cm 備用。

TIP 若沒有 1cm 厚或黏貼式的軟木塞板，也可以在一般的軟木塞板背後貼雙面膠代替。

將軟木塞板的非黏著面，放置在完成的繡圖背面後，撕去背膠貼紙。

將繡布左右兩邊往中間緊緊包住軟木塞板，貼在黏著面上。

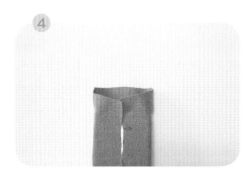

裁剪好後往下摺，將稜角處整齊拉好後，用釘書機固定。

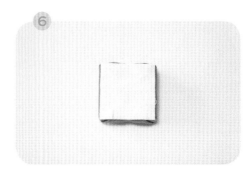

將繡布上下兩端，用布剪修整成往下摺不會突出來的形狀（看起來像襯衫衣領）。

剩下的繡布上下兩端，用布剪修整成往下摺不會突出來的形狀（看起來像襯衫衣領）。

將背膠不織布片剪成與迷你畫框相同的大小後，貼到畫框背面即完成。

懶洋洋的貓咪

使用繡線

DMC 25 號繡線：
310、414、648、728、742、844、
947、959、972、3846、3826、B5200

其他材料

木板（15×8cm）、背膠不織布片

使用繡法

回針繡、緞面繡、直針繡、劈針繡、法國結粒繡、自由繡、飛鳥繡

TIP 請參考 P.36 畫框的製作方法（木板）。

繡圖標示 & 實際尺寸

劈針繡 310(2)
緞面繡 310(2)
法國結粒繡 972(2)
飛鳥繡 947(2)
自由繡 310(2)

直針繡 844(2)
緞面繡 648(2)
法國結粒繡 3846(2)
飛鳥繡 947(2)
自由繡 648(2)
劈針繡 648(2)

自由繡 310(2)
緞面繡 310(2)
緞面繡 742(2)
劈針繡 742(2)
法國結粒繡 959(2)
飛鳥繡 947(2)
自由繡 B5200(2)
劈針繡 310(2)
劈針繡 B5200(2)
回針繡 310(2)

自由繡 414(2)
緞面繡 414(2)
法國結粒繡 3846(2)
飛鳥繡 947(2)
劈針繡 414(2)
回針繡 310(2)

直針繡 3826(2)
緞面繡 728(2)
法國結粒繡 959(2)
自由繡 728(2)
飛鳥繡 947(2)
劈針繡 728(2)
回針繡 310(2)

繡圖說明是以繡法→繡線色號→（線的股數）來標示。

例 ▶ 自由繡 310(2)：用色號 310 的繡線 2 股來繡自由繡。

玻璃瓶中的躲貓貓

使用繡線

DMC 25 號繡線：
318、435、606、648、844、
959、3771、3846、3855、B5200

其他材料

木板（15×8cm）、背膠不織布片

使用繡法

長短繡、回針繡、緞面繡、直針繡、
劈針繡、法國結粒繡、自由繡、飛鳥繡

TIP 請參考 P.36 畫框的製作方法（木板）。

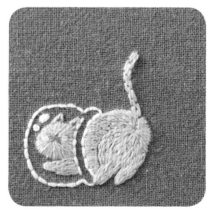

繡圖標示 & 實際尺寸

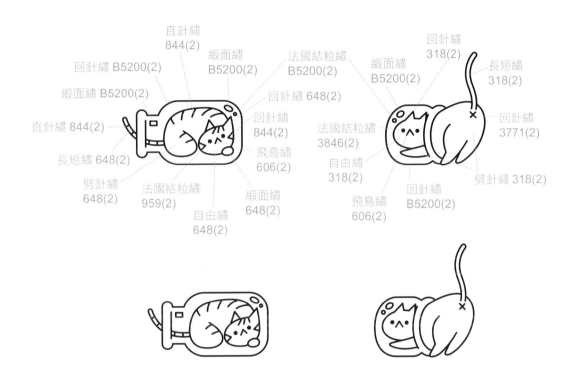

回針繡 B5200(2)
緞面繡 B5200(2)
直針繡 844(2)
直針繡 844(2)
長短繡 648(2)
劈針繡 648(2)
法國結粒繡 959(2)
緞面繡 B5200(2)
法國結粒繡 B5200(2)
回針繡 648(2)
回針繡 844(2)
飛鳥繡 606(2)
緞面繡 648(2)
自由繡 648(2)

回針繡 318(2)
長短繡 318(2)
緞面繡 B5200(2)
回針繡 3771(2)
法國結粒繡 3846(2)
自由繡 318(2)
劈針繡 318(2)
回針繡 B5200(2)
飛鳥繡 606(2)

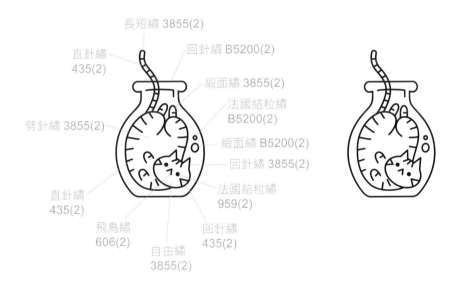

長短繡 3855(2)
回針繡 B5200(2)
直針繡 435(2)
緞面繡 3855(2)
法國結粒繡 B5200(2)
劈針繡 3855(2)
緞面繡 B5200(2)
回針繡 3855(2)
直針繡 435(2)
法國結粒繡 959(2)
飛鳥繡 606(2)
回針繡 435(2)
自由繡 3855(2)

➤╾╫╫╫▶
繡圖說明是以繡法→繡線色號→（線的股數）來標示。
例 ▶ 自由繡 310(2)：用色號 310 的繡線 2 股來繡自由繡。

最喜歡紙箱了！

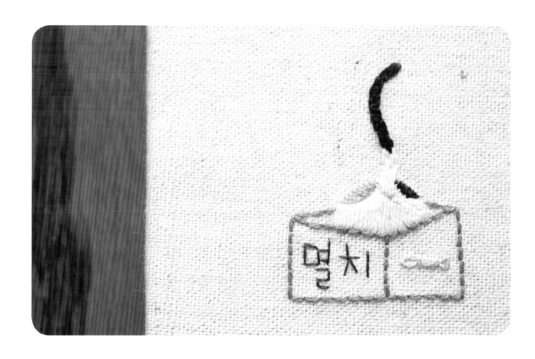

等摸頭的貓咪

探出頭的貓咪書籤

PART
02

大自然中的
花與貓

花叢中的貓咪圓鏡

花與貓咪的
掛飾

跳躍的貓咪 ✦
無框畫

回眸貓咪
口金包

好書出版・精銳盡出

台灣廣廈國際出版集團
Taiwan Mansion International Group

BOOK GUIDE

2023 生活情報・秋季號 01

知
・
識
・
力
・
量
・
大

瑞麗美人　蘋果屋

紙印良品　美藝學苑

＊書籍定價以書本封底條碼為準

地址：中和區中山路2段359巷7號2樓
電話：02-2225-5777＊310；105
傳真：02-2225-8052
E-mail：TaiwanMansion@booknews.com.tw
總代理：知遠文化事業有限公司
郵政劃撥：18788328
戶名：台灣廣廈有聲圖書有限公司

瘋美食・玩廚房・品滋味・樂生活　尋找專屬自己的味覺所在

流行事・夯話題・樂趣味・探心理　打造理想中的魅力自我

自癒力・享健康・不老化・遠疾病　天天打造驚人的自癒奇蹟

樂育兒・好教養・綠手指・養寵物　日常生活中的幸福時光

知識力・輕科普・玩耍力・快收納　創造屬於自己的美好生活

零廢棄美妝保養＆清潔用品 DIY全圖解

 環保

自己做無害素材日用品，從個人保養到居家清潔，39款好用單品教你開始實踐地球永續健康生活

作者／利潤（Lee Yoon） 定價／580元 出版社／蘋果屋

★韓國YES24書網讀者5星好評★第一本以「零廢棄」概念自製美妝保養、手工皂清潔用品專書！本書教你自製39款天然無毒保養品＆生活用品，實現零污染、零塑膠、健康無害，友善地球的「零廢棄」生活！

咖啡 × 甜點刺繡全圖集

人氣刺繡師annas教你用11種基本針法，繡出255款咖啡店風景，打造可愛質感的實用小物！

作者／川畑杏奈 定價／399元 出版社／蘋果屋

日本人氣刺繡家自創「以咖啡館情境為主題」的生活美學風格刺繡書，做出255款細緻的質感小圖，簡單繡在杯套、圍裙、衣服、書套上，立即成為吸睛亮點！

初學者的縫紉入門

1000張實境照全圖解！手縫訣竅 × 機縫技巧 × 基礎刺繡，在家就能輕鬆修改衣物＆製作實用小物

 NEW

作者／奧爾森惠子 定價／399元 出版社／蘋果屋

一次學會手縫、車縫、刺繡、打版等實用縫紉技巧，各種疑難雜症都能在本書找到答案！只要最低限度的工具加上現有物品，在家就能修補衣物、製作生活小物。

【全圖解】初學者の鉤織入門BOOK

只要9種鉤針編織法就能完成 23款實用又可愛的生活小物（附QR code教學影片）

 暢銷

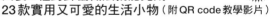

作者／金倫廷 定價／450元 出版社／蘋果屋

韓國各大企業、百貨、手作刊物競相邀約開課與合作，被稱為「鉤織老師們的老師」、人氣NO.1的露西老師，集結多年豐富教學經驗，以初學者角度設計的鉤織基礎書，讓你一邊學習編織技巧，一邊就做出可愛又實用的風格小物！

真正用得到！基礎縫紉書

手縫 × 機縫 × 刺繡一次學會 在家就能修改衣褲、製作托特包等風格小物

暢銷

作者／羽田美香、加藤優香 定價／380元 出版社／蘋果屋

專為初學者設計，帶你從零開始熟習材料、打好基礎到精通活用！自己完成各式生活衣物縫補、手作出獨特布料小物。

PART
03

午後的貓咪

窈窕淑女貓

在洋傘上縫裝飾布的方法

在摺半的網紗上隨意縫幾針
（假縫），使其固定在繡布
上不會移動。

先用輪廓繡，繡出洋傘的傘
骨部分。

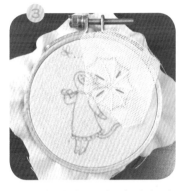

將洋傘被貓咪身體遮住處
的網紗，留下距離邊緣約
0.1～0.2cm 的餘白後，剪
去多餘部分。

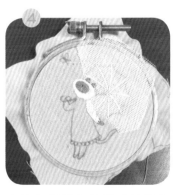

直接在網紗上繡貓咪的臉和
手臂，繡好後再拆掉洋傘上
假縫用的線。

剩下的網紗，沿著距離洋傘
邊緣 0.1～0.2cm 的地方，
剪去多餘部分。

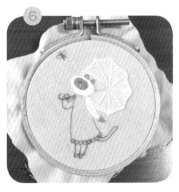

在洋傘邊緣以扣眼繡固定網
紗（裝飾布）即完成。請參
考 P.32 縫裝飾布的方法（扣
眼繡）。

杯子蛋糕貓

躲雨的貓咪

叮噹
風鈴貓

月光飛貓

天外飛貓
束口袋

使用繡線

DMC 25 號繡線：19、25、318、606、3824、3846、3857
Appletons 細羊毛繡線：991B

其他材料

裡布用布料、棉線 30cm×2 條

`TIP` 棉線的作用是用來束緊袋口，也可以選擇其他材質，足夠堅固即可。

使用繡法

長短繡、回針繡、直針繡、劈針繡、
鎖鏈繡、法國結粒繡、自由繡、飛鳥繡

繡圖標示 & 實際尺寸

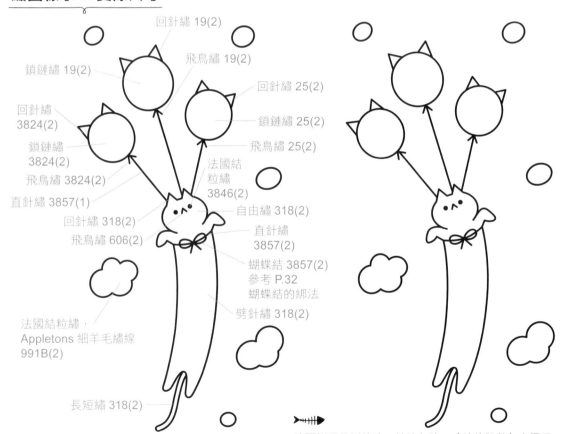

回針繡 19(2)
飛鳥繡 19(2)
鎖鏈繡 19(2)
回針繡 25(2)
回針繡 3824(2)
鎖鏈繡 25(2)
鎖鏈繡 3824(2)
飛鳥繡 25(2)
飛鳥繡 3824(2)
法國結粒繡 3846(2)
直針繡 3857(1)
自由繡 318(2)
回針繡 318(2)
直針繡 3857(2)
飛鳥繡 606(2)
蝴蝶結 3857(2)
參考 P.32
蝴蝶結的綁法
劈針繡 318(2)
法國結粒繡，
Appletons 細羊毛繡線
991B(2)
長短繡 318(2)

繡圖說明是以繡法→繡線色號→（線的股數）來標示。
例 ▶ 自由繡 310(2)：用色號310的繡線2股來繡自由繡。

海浪滔滔
貓咪掛飾

使用繡線

DMC 25 號繡線：
13、14、23、300、310、349、369、554、
606、608、742、778、817、967、3722、3760、
3826、3845、3846、3855、ECRU、B5200
DMC 金蔥繡線：4041
Madeira 金屬繡線：24

其他材料

裝飾布、棉花、樹枝（或木棒）、棉繩

使用繡法

長短繡、回針繡、緞面繡、直針繡、劈針繡、輪廓繡、
鎖鏈繡、法國結粒繡、自由繡、飛鳥繡

TIP 請參考 P.33 縫裝飾布的方法（緞面繡）。

縫裝飾布的方法

 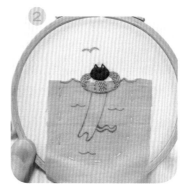 

將裝飾布放到繡布上後，先在四周縫假縫線固定，再沿著圖案繡上緞面繡即可。

繡圖標示 & 實際尺寸

穿線的位置

返口

長短繡 ECRU(2)

劈針繡 ECRU(2)

回針繡 ECRU(2)

緞面繡 369(2)

緞面繡 817(3)

鎖鏈繡 B5200(2)

回針繡 B5200(2)

法國結粒繡 B5200(2)

飛鳥繡 606(2)

緞面繡 ECRU(2)

自由繡 ECRU(2)

法國結粒繡 3846(2)

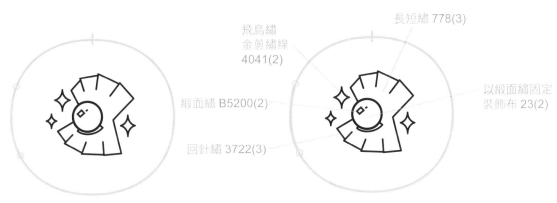

飛鳥繡 金蔥繡線 4041(2)

長短繡 778(3)

緞面繡 B5200(2)

以緞面繡固定 裝飾布 23(2)

回針繡 3722(3)

自由繡 ECRU(2)

回針繡 ECRU(2)

法國結粒繡 3826(2)

緞面繡 967(2)

飛鳥繡 606(2)

劈針繡 ECRU(2)

回針繡 金屬繡線 24(2)

緞面繡 14(2)

緞面繡 13(2)

回針繡 608(2)

飛鳥繡 349(1)

劈針繡 554(3)

緞面繡 554(3)

繡圖說明是以繡法→繡線號碼→（線的股數）來標示。
例 ▶ 自由繡 310(2)：用 310 號繡線 2 股來繡自由繡。

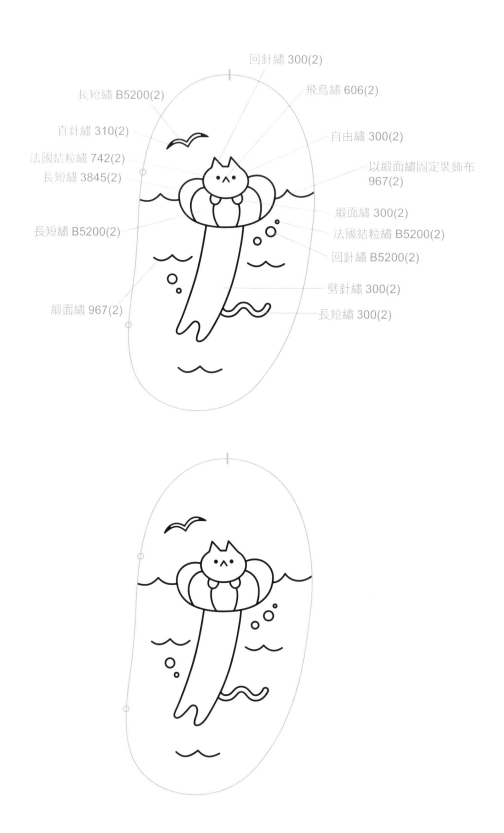

回針繡 300(2)

長短繡 B5200(2)

飛鳥繡 606(2)

直針繡 310(2)

自由繡 300(2)

法國結粒繡 742(2)

以緞面繡固定裝飾布
967(2)

長短繡 3845(2)

緞面繡 300(2)

長短繡 B5200(2)

法國結粒繡 B5200(2)

回針繡 B5200(2)

劈針繡 300(2)

緞面繡 967(2)

長短繡 300(2)

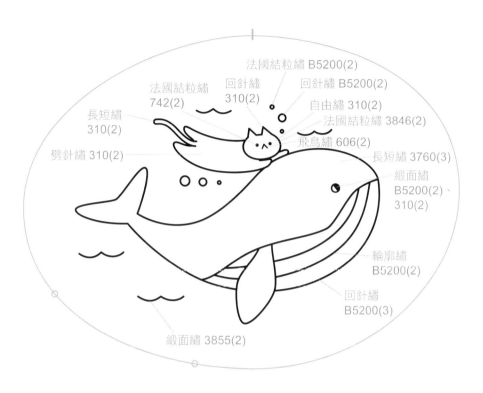

法國結粒繡 B5200(2)

法國結粒繡 回針繡 回針繡 B5200(2)
742(2) 310(2)

長短繡 自由繡 310(2)
310(2)

劈針繡 310(2) 法國結粒繡 3846(2)

飛鳥繡 606(2)

長短繡 3760(3)

緞面繡
B5200(2)、
310(2)

輪廓繡
B5200(2)

回針繡
B5200(3)

緞面繡 3855(2)

活動掛飾的製作方法

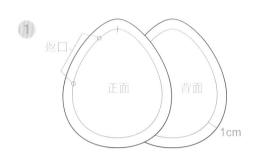

① 將要做成掛飾的布（正面和背面），沿著預定的邊緣往外1cm的地方剪下。

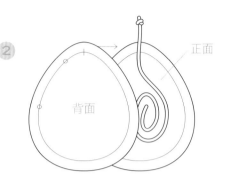

② 把繩子放在有繡圖的那面，尾端打個結後，從上方中心伸出（如上圖），再疊上另一片布的正面。

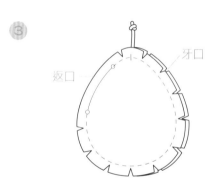

③ 縫合兩片布返口以外的地方（上圖虛線處），並沿著邊緣剪幾個小小的斜角當牙口。

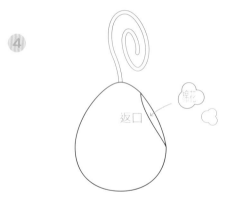

④ 從返口翻出掛飾的正面後，塞進棉花。

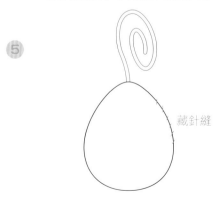

⑤ 用藏針縫將返口縫合。

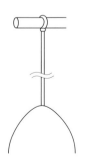

⑥ 抽出繩子後，掛在樹枝（木棒）上即完成。

金魚與貓的
圓舞曲

使用繡線

DMC 25 號繡線：
07、154、598、606、640、760、3712、3846、ECRU

其他材料

0.2cm 珠子（銀色）、亮片（紫色）、
繡框（內徑 7.5cm）、硬質不織布

使用繡法

長短繡、回針繡、緞面繡、直針繡、
劈針繡、法國結粒繡、自由繡、飛鳥繡

TIP 請參考 P.37 畫框的製作方法（繡框）。

繡圖標示 & 實際尺寸

飛鳥繡 606(2)

回針繡 606(4)

法國結粒繡
606(2)、ECRU(2)、
640(2)

緞面繡 07(2)

法國結粒繡 3846(2)

直針繡 606(2)、
598(2)、3712(2)、ECRU(2)
隨意交錯繡上 4 種顏色

自由繡 ECRU(2)
臉和身體交接的地方
使用劈針繡

亮片（紫色）、
0.2cm 珠子（銀色）

緞面繡
598(2)

回針繡 07(2)

自由繡
3712(2)、760(2)
先用 3712 零星繡一遍後，
再用 760 填滿空隙

直針繡
606(2)

劈針繡 ECRU(2)

劈針繡 07(2)

法國結粒繡＋直針繡 598(2)

法國結粒繡＋直針繡 ECRU(2)

長短繡 ECRU(2)

回針繡 606(2)

緞面繡 07(2)

長短繡 606(2)

法國結粒繡 154(2)

直針繡 ECRU(2)

繡圖說明是以繡法→繡線色號→（線的股數）來標示。

例 ▶ 自由繡 310(2)：用色號 310 的繡線 2 股來繡自由繡。

快樂的沐浴時光

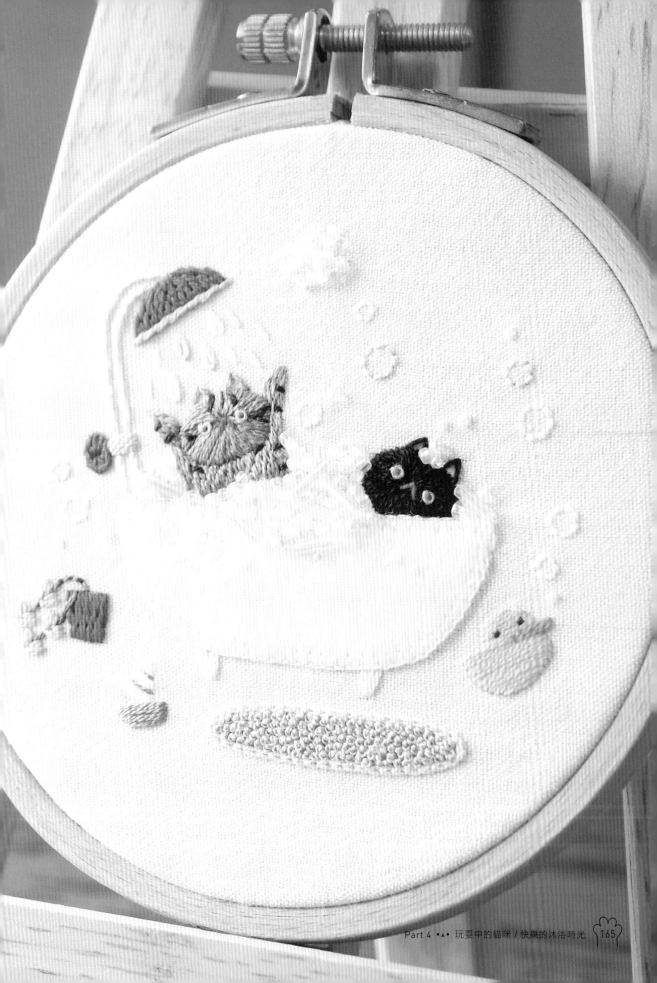

使用繡線

DMC 25 號繡線：
22、23、224、225、310、326、606、742、743、826、834、
938、959、3051、3325、3853、3863、ECRU、B5200

其他材料

0.2cm 珠子（透明、半透明）、管珠（透明）、繡框（內徑 10.5cm）、
軟質背膠不織布（象牙色，裝飾布用）、硬質不織布

使用繡法

雛菊繡、長短繡、回針繡、扣眼繡、緞面繡、直針繡、
劈針繡、輪廓繡、鎖鏈繡、法國結粒繡、自由繡、飛鳥繡

TIP 請參考 P.32 縫裝飾布的方法（扣眼繡）。
請參考 P.37 畫框的製作方法（繡框）。

繡圖標示 & 實際尺寸

長短繡 22(3)
輪廓繡 224(2)
輪廓繡 23(2)
直針繡 3325(2)
0.2cm 珠子（透明、半透明）
管珠（透明）
雛菊繡 3325(2)
法國結粒繡 B5200(2)
直針繡 B5200(2)
回針繡 3325(2)
雛菊繡 B5200(2)
回針繡 B5200(2)
緞面繡 224(2)
扣眼繡 22(2)
回針繡 3051(2)
直針繡 938(2)
直針繡 3853(4)
回針繡 834(2)
長短繡 326(3)
緞面繡 743(3)
直針繡 826(2)
以扣眼繡固定象牙色
不織布 ECRU(1)
緞面繡 B5200(2)
緞面繡 826(2)
緞面繡 ECRU(2)
法國結粒繡 224(2)
鎖鏈繡 225(2)

回針繡 3863(2)
法國結粒繡 959(2)
回針繡 938(2)
飛鳥繡 606(2)
回針繡 310(2)
直針繡 938(2)
法國結粒繡 742(2)
劈針繡 3863(2)
飛鳥繡 606(2)
自由繡 3863(2)
自由繡 310(2)
0.2cm 珠子（透明、半透明）
管珠（透明）

繡圖說明是以繡法→繡線色號→（線的股數）來標示。
例 ▶ 自由繡 310(2)：用色號 310 的繡線 2 股來繡自由繡。

PART
05

貓咪國的
奇幻異想世界

芭蕾舞者貓

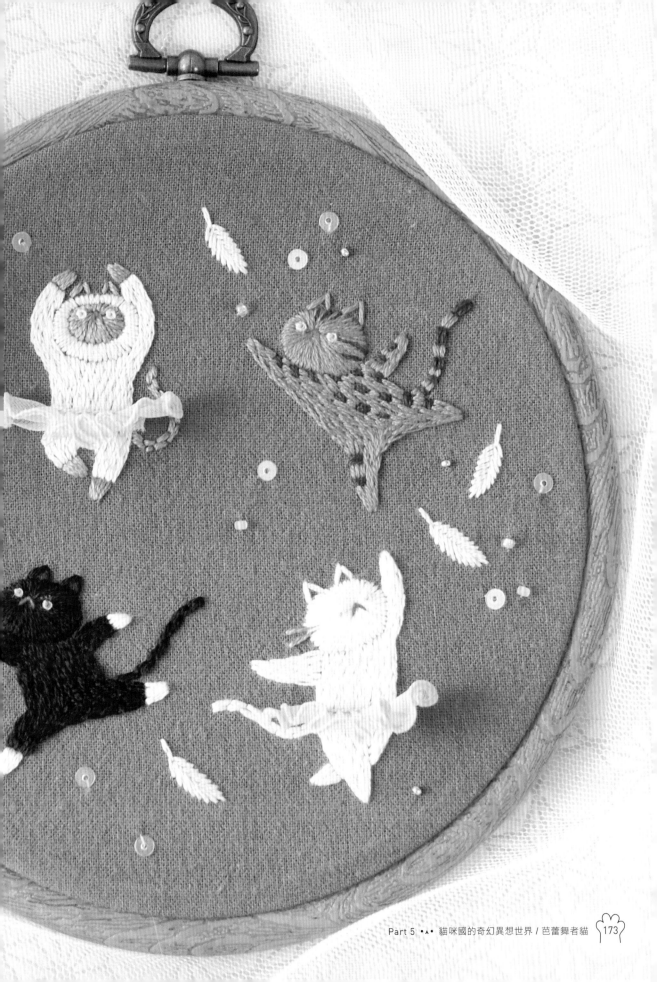

使用繡線

DMC 25 號繡線：
300、310、608、742、959、976、3713、
3846、3863、3866、ECRU、B5200

其他材料

0.15cm 珠子（銀色）、0.2cm 珠子（透明、粉紅）、
亮片（透明）、繡框（內徑 13cm）、硬質不織布、雪紗緞帶

使用繡法

長短繡、回針繡、緞面繡、直針繡、劈針繡、
法國結粒繡、自由繡、飛鳥繡、魚骨繡

TIP 請參考 P.37 畫框的製作方法（繡框）。

繡圖標示 & 實際尺寸

直針繡
3866(2)

魚骨繡 3866(2)

法國結粒繡
959(2)

直針繡 300(2)

劈針繡
ECRU(3)

回針繡
3863(3)

緞面繡
3863(3)

回針繡 976(3)

自由繡 976(3)

緞面繡 300(3)

緞面繡
ECRU(3)

法國結粒繡
3846(2)

緞面繡 976(3)

飛鳥繡
608(2)

緞面繡 300(2)

自由繡
3863(3)

劈針繡
976(3)

回針繡
3713(2)

回針繡
310(3)

長短繡
3863(3)

回針繡
B5200(3)

自由繡 310(3)

法國結粒繡 742(2)

長短繡 310(3)

自由繡
B5200(3)

0.15cm 珠子（銀色）
0.2cm 珠子
（透明、粉紅）

飛鳥繡
608(2)

直針繡
3863(2)

法國結粒繡
3846(2)

亮片（透明）

劈針繡 310(3)

飛鳥繡 608(2)

緞面繡 B5200(3)

劈針繡 B5200(3)

長短繡
B5200(3)

回針繡 3713(2)

繡圖說明是以繡法→繡線色號→（線的股數）來標示。

例 ▶ 自由繡 310(2)：用色號 310 的繡線 2 股來繡自由繡。

芭蕾舞裙的製作方法

先繡好貓咪腰線以外的部分。將穿好線的針，從腰線右側末端穿出布面。

TIP 建議使用和雪紗緞帶顏色相似的線。

將雪紗緞帶裁剪成 7×1.5cm 後，把緞帶尾端捲起1cm，放在腰線右側末端，用針縫過固定。

將緞帶摺捲成波浪狀後，從右往左，沿著腰線用回針繡固定。

沿著腰線繡上雪紗緞帶後的模樣。

將回針繡以下的雪紗緞帶，保留約 0.2cm 的長度後，剪去多餘部分。

將朝上的雪紗緞帶往下壓，從腰線處往下繡幾道短短的直針繡，讓裙子往下垂。

固定好裙子的方向後，在腰線處繡上回針繡。

完成後的芭蕾舞裙。

完成！

阿囉哈！
夏威夷草裙貓

使用繡線

DMC 25 號繡線：
19、20、150、154、300、310、349、603、606、608、740、
742、744、832、890、898、959、3013、3051、3341、
3731、3846、ECRU、B5200

其他材料

木板（16.5×10cm）、硬質不織布

使用繡法

雛菊繡、長短繡、回針繡、緞面繡、直針繡、蜘蛛網玫瑰花繡、
劈針繡、輪廓繡、鎖鏈繡、土耳其絨毛繡、法國結粒繡、
自由繡、飛鳥繡、魚骨繡

TIP 請參考 P.36 畫框的製作方法（木板）。
請參考 P.36 流蘇布邊的製作方法。

繡圖標示 & 實際尺寸

魚骨繡 3341(3)
魚骨繡 744(2)
劈針繡 150(3)
法國結粒繡 154(3)
鎖鏈繡 B5200(2)
法國結粒繡 154(2)
緞面繡 B5200(2)
緞面繡 959(2)
輪廓繡 154(2)
飛鳥繡 603(2)
長短繡 898(3)
直針繡＋雛菊繡 608(3)

雛菊繡 740(2)
自由繡 310(2)
法國結粒繡 832(2)
回針繡 310(2)
法國結粒繡 742(2)
飛鳥繡 606(2)
劈針繡 310(2)
蜘蛛網玫瑰花繡 19(2)
回針繡 ECRU(2)

雛菊繡 608(2)
法國結粒繡 959(2)
自由繡 300(2)
法國結粒繡 20(2)
自由繡 ECRU(2)
蜘蛛網玫瑰花繡 19(2)
回針繡 310(2)

法國結粒繡 150(3)
雛菊繡 3731(2)
回針繡 ECRU(2)
法國結粒繡 3846(2)
飛鳥繡 606(2)
法國結粒繡 3731(2)
回針繡 310(2)
劈針繡 ECRU(2)
長短繡 ECRU(2)

雛菊繡 742(2)

緞面繡 3013(3)
緞面繡 744(3)
輪廓繡 150(2)

直針繡＋雛菊繡 890(3)
輪廓繡 832(2)
長短繡 310(2)
蜘蛛網玫瑰花繡 19(2)
長短繡 300(2)
劈針繡 300(2)
長短繡 ECRU(2)

土耳其絨毛繡：
上層：832(3)、740(3)
下層：349(2)
夏威夷裙：繡的時候將繡布上
下顛倒，先繡下層再繡上層。

土耳其絨毛繡：
上層：3051(3)
下層：20(3)、608(2)
夏威夷裙：繡的時候將繡布上
下顛倒，先繡下層再繡上層。

土耳其絨毛繡：
上層：3051(3)、3731(3)
下層：832(2)
夏威夷裙：繡的時候將繡布上
下顛倒，先繡下層再繡上層。

繡圖説明是以繡法→繡線色號→（線的股數）來標示。

例 ▶ 自由繡 310(2)：用色號 310 的繡線 2 股來繡自由繡。

乘著掃帚的
魔女貓

使用繡線

DMC 25 號繡線：
19、221、310、606、727、740、742、
745、920、970、3771、3799、3823
Madeira 金屬繡線：24

其他材料

0.2cm 珠子（金色）、裝飾布、木板（20×15cm）、硬質不織布

使用繡法

長短繡、回針繡、緞面繡、直針繡、劈針繡、輪廓繡、
鎖鏈繡、十字繡、法國結粒繡、自由繡、飛鳥繡

TIP 請參考 P.33 縫裝飾布的方法（緞面繡）。
請參考 P.32 蝴蝶結的綁法。
請參考 P.36 畫框的製作方法（木板）。

繡圖標示 & 實際尺寸

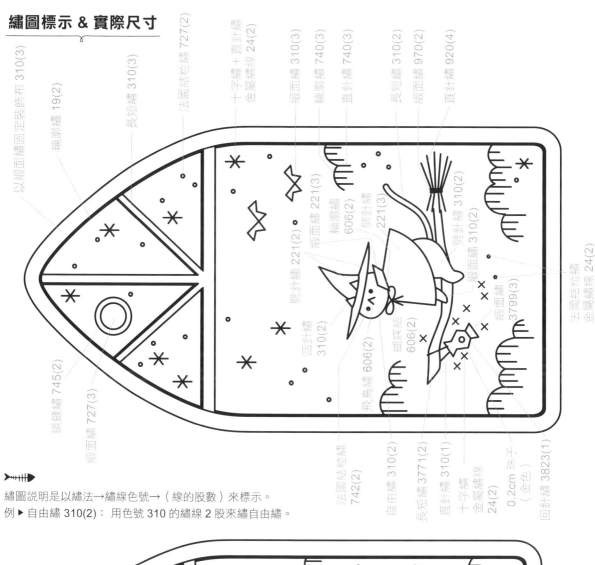

以緞面繡固定裝飾布 310(3)
輪廓繡 19(2)
長短繡 310(3)
法國結粒繡 727(2)
十字繡＋直針繡 金屬繡線 24(2)
緞面繡 310(3)
輪廓繡 740(3)
直針繡 740(3)
長短繡 310(2)
緞面繡 970(2)
直針繡 920(4)

劈針繡 221(3)
緞面繡 221(3)
輪廓繡 606(3)
劈針繡 310(2)
緞面繡 310(2)
法國結粒繡 金屬繡線 24(2)

劈針繡 221(2)
回針繡 310(2)
蝴蝶結 606(2)
緞面繡 3799(3)

飛魚繡 606(2)

鎖鏈繡 745(2)
緞面繡 727(3)
法國結粒繡 742(2)
自由繡 310(2)
長短繡 3771(2)
直針繡 310(1)
十字繡 金屬繡線 24(2)
0.2cm 珠子（金色）
回針繡 3823(1)

繡圖說明是以繡法→繡線色號→（線的股數）來標示。
例 ▶ 自由繡 310(2)：用色號 310 的繡線 2 股來繡自由繡。

愛神邱比貓

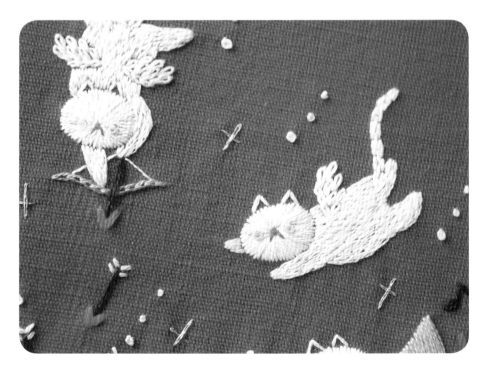

使用繡線

DMC 25 號繡線：
606、742、3072、3078、3371、3713、3778、3846、ECRU
Madeira 金屬繡線：24

其他材料

木板（21×20cm）、硬質不織布

使用繡法

雛菊繡、長短繡、回針繡、緞面繡、直針繡、劈針繡、鎖鏈繡、
法國結粒繡、自由繡、飛鳥繡、十字繡

TIP 請參考 P.36 畫框的製作方法（木板）。

繡圖標示 & 實際尺寸

回針繡 606(6)
回針繡 3371(2)
雛菊繡 3371(2)
緞面繡 742(3)

法國結粒繡 3078(2)
以纏繞的圈數調整大小

直針繡 3072(1)
直針繡 3371(2)
鎖鏈繡 3778(2)
回針繡 3072(2)

回針繡 606(6)
法國結粒繡 3846(2)
飛鳥繡 606(2)

長短繡 ECRU(2)
劈針繡 ECRU(2)
雛菊繡 3072(2)
鎖鏈繡 3072(2)
回針繡 ECRU(2)
自由繡 ECRU(2)

長短繡 3713(3)
自由調整長針和短針的
長度，做出層次感。

法國結粒繡 3078(2)
以纏繞的圈數調整大小

十字繡
金屬繡線
24(2)

雛菊繡
金屬繡線
24(2)

回針繡 3371(2)

直針繡
金屬繡線
24(2)

直針繡 3371(2)

鎖鏈繡
3371(2)

鎖鏈繡 3371(2)

➤═══▶
繡圖說明是以繡法→繡線色號→（線的股數）來標示。
例 ▶ 自由繡 310(2)：用色號 310 的繡線 2 股來繡自由繡。

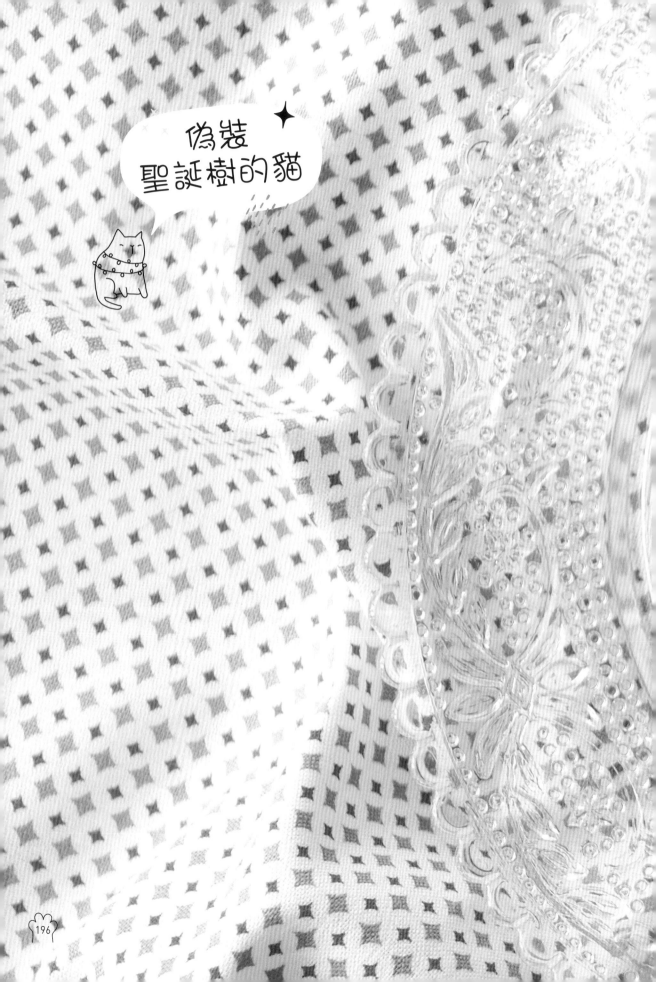

偽裝
聖誕樹的貓

Merry Christmas~

使用繡線

DMC 25 號繡線：
153、349、353、603、606、608、741、
832、834、890、907、938、3846、ECRU

DMC 金蔥繡線：4041

Madeira 金屬繡線：42

其他材料

0.15 ～ 0.2cm 珠子（金色、銀色、白色）、管珠（透明、銀色）、
繡框（內徑 7.5cm）、硬質不織布

使用繡法

長短繡、回針繡、直針繡、劈針繡、
法國結粒繡、自由繡、飛鳥繡

TIP 請參考 P.32 蝴蝶結的綁法。
請參考 P.37 畫框的製作方法（繡框）。

繡圖標示 & 實際尺寸

直針繡
金屬繡線
24(2)

回針繡
金屬繡線
24(2)

回針繡 349(2)

0.15～0.2cm 珠子
（金色、銀色、白色）
管珠（透明、銀色）

回針繡
金蔥繡線 4041(2)

法國結粒繡 608(2)

回針繡 153(2)

法國結粒繡 353(2)

回針繡 741(2)

回針繡 ECRU(2)

自由繡 ECRU(2)

回針繡 832(2)

直針繡 890(2)

回針繡 890(2)

回針繡 603(2)

法國結粒繡 3846(2)

回針繡 907(2)

回針繡
金蔥繡線
4041(2)

長短繡 ECRU(2)

直針繡
金蔥繡線
4041(2)

回針繡 834(2)

法國結粒繡 349(2)

回針繡
金蔥繡線 4041(2)

蝴蝶結 890(2)

劈針繡
ECRU(2)

飛鳥繡
606(2)

回針繡 938(2)

繡圖說明是以繡法→繡線色號→（線的股數）來標示。
例 ▶ 自由繡 310(2)：用色號 310 的繡線 2 股來繡自由繡。

台灣廣廈 國際出版集團
Taiwan Mansion International Group

國家圖書館出版品預行編目資料

MEOW!可愛貓咪刺繡日常：第一本喵星人主題刺繡書，教你18種好用繡法，還有29款實
用質感小物！／全智善著；吳咏臻譯.-- 初版.
-- 新北市：蘋果屋，2019.04
　面；　公分. --
ISBN 978-986-97343-0-1（平裝）
1. 刺繡　2. 手工藝

426.2　　　　　　　　　　　　　　　　　　　　　　　　　　108001652

MEOW！可愛貓咪刺繡日常

第一本喵星人主題刺繡書，教你18種好用繡法，還有29款實用質感小物！

作　　者／全智善	編輯中心編輯長／張秀環・編輯／蔡沐晨
翻　　譯／吳咏臻	封面設計／曾詩涵・內頁排版／菩薩蠻數位文化有限公司
	製版・印刷・裝訂／東豪・弼聖・秉成

行企研發中心總監／陳冠蒨	線上學習中心總監／陳冠蒨
媒體公關組／陳柔彣	數位營運組／顏佑婷
綜合業務組／何欣穎	企製開發組／江季珊、張哲剛

發 行 人／江媛珍
法 律 顧 問／第一國際法律事務所 余淑杏律師・北辰著作權事務所 蕭雄淋律師
出　　　版／台灣廣廈有聲圖書有限公司
　　　　　　地址：新北市235中和區中山路二段359巷7號2樓
　　　　　　電話：（886）2-2225-5777・傳真：（886）2-2225-8052

代理印務・全球總經銷／知遠文化事業有限公司
　　　　　　地址：新北市222深坑區北深路三段155巷25號5樓
　　　　　　電話：（886）2-2664-8800・傳真：（886）2-2664-8801
郵 政 劃 撥／劃撥帳號：18836722
　　　　　　劃撥戶名：知遠文化事業有限公司（※單次購書金額未達1000元，請另付70元郵資。）

■出版日期：2019年04月　　■初版9刷：2023年11月
ISBN：978-986-97343-0-1　　版權所有，未經同意不得重製、轉載、翻印。